幸福空间
设计师丛书

U0251286

现代风精选设计

幸福空间编辑部 编著

清华大学出版社

内 容 简 介

本书精选我国台湾一线知名设计师的38个现代风空间最新真实设计案例，针对每个案例进行图文并茂地阐述，包括格局规划、建材运用及设计装修难题的解决办法等，所有案例均由设计师本人亲自讲解，保证了内容的权威性、专业性和真实性，代表了台湾当今室内设计界的最高水平和发展潮流。

本书还配有设计师现场录制的高品质多媒体教学光盘，其内容包括环景艺文居家（谭淑静主讲）、品味工业风（周建志主讲）、山间静懿人文宅（俞佳宏主讲），是目前市场上尚不多见的书盘结合的室内空间设计书。

本书可作为室内空间设计师、从业者和有家装设计需求的人员以及高校建筑设计与室内设计相关专业的师生使用。

图书在版编目（CIP）数据

现代风精选设计 / 幸福空间编辑部编著. —北京：清华大学出版社，2016
（幸福空间设计师丛书）
ISBN 978-7-302-41849-8

Ⅰ.①现… Ⅱ.①幸… Ⅲ.①住宅—室内装饰设计 Ⅳ.①TU241

中国版本图书馆CIP数据核字（2015）第252108号

责任编辑：王金柱
封面设计：王 翔
责任校对：闫秀华
责任印制：沈 露
出版发行：清华大学出版社
    网　　址：http://www.tup.com.cn，http://www.wqbook.com
    地　　址：北京清华大学学研大厦A座　　　　　邮　　编：100084
    社 总 机：010-62770175　　　　　　　　　　邮　　购：010-62786544
    投稿与读者服务：010-62776969，c-service@tup.tsinghua.edu.cn
    质量反馈：010-62772015，zhiliang@tup.tsinghua.edu.cn
印 装 者：北京天颖印刷有限公司
经　销：全国新华书店
开　本：213mm×223mm　　　印 张：8　　　　　字　数：192千字
　　　　附光盘1张
版　次：2016年5月第1版　　　　　　　　　　 印　次：2016年5月第1次印刷
印　数：1～3500
定　价：49.00元

产品编号：062964-01

取決於空間的動線 收納

尚藝設計
俞佳宏
Gorgeous Space

环景艺文居家	谭淑静 主讲
品味工业风	周建志 主讲
山间静懿人文宅	俞佳宏 主讲

空間減法哲學

他看到我們的作品裡面

Before　After

客廳的空間再放大

现场实录
王牌设计师主讲
本光盘教学录像
由幸福空间有限公司授权

Designer

春雨設計
周建志
實用住宅改造達人
Gorgeous Space

以嚴謹而細緻的

創造居住溫度 山間靜懿人文宅
俞佳宏

超乎他想像的空間

而是希望讓它　特殊厨板 創造有溫度的現代科技感　比較现代的

Interior
Design 带您进入台湾设计师的
魔法空间

设计师 About Designer

P001 P003 P006 P008 侯荣元

人与生活是空间构成的元素，除呼应以"人"为本的清纯本质，通过巧妙运用各种材质的特性，整合各个空间面向；从强化功能的设计出发，通过线条的完美比例和色彩的搭配挥洒，将个人精神品位与物质需求极致体现，享有打从心底被宠爱的完整满足。

P010 P012 陈嘉鸿

尝试在精致内涵更加符合使用需求的功能分配中，定制出专属的黄金比例；导入细腻质感的潮流时尚元素，将古典与现代风格的个别特色，去芜存菁重新诠释，打造独一无二的现代古典迷人风雅。

P016 李兆亨

设计理念源自于人性化，依不同的个案需求，创造完美的空间设计，提供个性化设计与家具搭配，结合深厚的结构力学功力与扎实的室内设计美学。除了顺应业主的需求外，适时提出设计师本身的设计观点，将材质及造型发挥得淋漓尽致，将视觉做美感的延伸、穿透、动线、装饰，构成现代不同风华的立体空间，构思一种内外通透的和谐感，让居家空间呈现强烈的设计感与实用功能。

P020 P024 庄昱宸

以人文精神为基石，总是从细腻设计的角度出发，从心延伸而至的无限热情通过每个经手的线面，使空间不再只是单纯人造环境的呈现。由心起念的情感与理想，包覆了起承转合的延续与张力。研棠设计团队里的每个成员，对设计永远充满着热情及满满的使命感，用"心"体验"生命力的延续"也是研棠设计一直要表现的空间价值的精神所在。

P028 陈锦树

生活即是艺术，在美观与实用间取得平衡。

P030 陈品亨

设计就是要让人生活得更舒服，享受设计也能够享受生活，了解每一位客户的喜好及风格，协助将设计融入到每一个家中，让居家空间变的有意义，享受做空间的主人，不只是为了装修而装修，而是以"实用为轴、创意为用"的概念，落实到每一个角落，呈现出充满生命力、舒适的空间，以提升空间的美学品位。

P034 黄子绮

倾听你的需求、看法、兼顾设计美学与空间功能的平衡，利用空间及灯光变化，实现你梦中的温馨城堡。

P038 吴宗宪

国际视野、本地思考，是我们的识别也是我们的设计理念；具冒险性实验精神，考虑设计案周围的微气候，并实践在我们的设计作品之中。

P044 朱英凯

家需要被经营！追求一种生活态度！
一个你我渴望已久的生活故事，让家更"迷人"，"室内设计"不只是动线功能的规划，而是满足"人"的感觉。让家人乐于回归家庭。

P052 林峰安

空间本体虽是凝固的，但其蕴含的人文况味，却赋予了它丰富的生命力。一路走来，我们秉持着"敬业、专业、乐业"的态度，拥有完整的设计团队及尊重业主特质的信念，为每位业主打造舒适的居住园地，进一步创造出每个人的梦想归宿。

P056 陈谊骐

本身对商业心理学及消费者行为有深度研究，了解如何创造商业产品的价值性及消费者对空间运用的渴求与幻想，性格内敛细致与灵敏的观察力，让商业空间的设计更能创造业主的附加价值，进而创造更多利润；让住家室内空间的设计注入每个角落应属于的灵魂，跳跃了三度空间的思维，处处可见惊奇。

P062 钟雍光

用客户的预算＋客户的需求＋我们的专业及热诚＝圆满结局，皆大欢喜。

P066 P106 张凯

"惹"，音义的由来源于英文"The"，它既可以宽广也可以局限，端看使用者本身的思维，而去组合与创造出无限的可能。"惹"字本身给予人复杂的感觉，取之于"The"，用之于空间"Room"思维里，如同空间中的主人本身欲招惹极具不同的艺术氛围感受一般。

P072 慕泽设计团队

从严谨、专业的态度出发，落实符合人文生活的空间规划。建立设计者与居住者良好的互动，倾听生活的大小需求，在领导前卫流行概念和艺术价值而挥洒创意的同时，也兼顾到美学与功能的发挥。

P076 汤镇安

设计的本意在于利用创意使居住生活多元化。擅于建材的运用，在有限的预算中做到重点设计，打造舒适且符合使用者的居住环境。

P080 许炜杰

以符合居住者生活特质的区域、动线安排，通过材质、家具、软件的定制，成就宅邸专属的风格特色。将穿透、层次、延伸、持续性、对比、比例及对外连接的互动关系，通过设计的整合，"家"将会是您量身定制的心灵居所。

P086 黄采珣

馥宇空间设计拥有10年以上丰富的空间设计经验，拥有独特的空间美学概念；住家、商空、办公等空间类型多方涉猎。
设计上强调人性化的空间，将设计与生活完美结合，创造出兼具美学、空间、质感、实用、心灵享受的新环境，将您心灵深处对于家的渴望及想象化作现实优质的居住空间。

P090 杨竣淞 罗尤呈

尝试运用多元符号，营造设计的独特性，涉猎各种类型的文化与元素，并加以重新诠释，以具体的形意领先营利价值，成功凝集竞争力。
以住家空间的精致创意，作为住宅导向。

P094 毛俊芳

以客户为核心，自我要求，做最好的设计与设计公司，从不停止追寻更好的解决问题方式是毛俊芳设计的理念。

P098 黄顺德

设计并不是单纯的艺术创造，每个设计个案无论大小都是这个过程中宝贵的经验，通过对环境、功能、业主、基地、历史背景等的分析与整合找出隐藏在真实世界下新的关系，连接过去与未来。

P102 张伍贤

依设计师的美学与经验，在实用、美观、预算、质量之间，尽可能满足业主的梦想。

P110 陈彦

设计来自人的内心深处，空间中的所有元素，都深刻地影响着人的心理感受，运用空间中的材质、色调、造型、光线等，让空间完全展现出自身的格调与气质，而住宅空间规划亦依循着人的感受轨迹，满足居住者的期待。

P114 邓国伟

设计的内涵是以提升生活的方式、水平和品味，并且与使用者有互动为目的，它是功能生活品位与哲学的表现，而不单是添加浮夸和美丽的装饰。
我们不从事"速成"的设计，也不从事"套装"设计，每个空间都应有代表居住者个人特质的设计。在规划设计前重视充分沟通，将客户的生活模式融入设计，在客户及设计间取得完美平衡。设计的目的在于解决问题，完美的设计来自于用心的沟通与倾听，唯有这样才能营造出最佳的空间环境。

P118 苏庆章

不拘泥于现有的空间格局，利用简单利落的线条，带出空间的立体层次感；去除多余的空间死角，且带入建筑物本身的自然采光让空间更佳的人性化、生活化。

P122 潘子皓

室内设计是一种理性、创造性极高的整合表现工作，设计师通过缜密的思考、创造及了解人与空间的内心对话，在设计中以独特的空间设计美学酝酿着不同层次，在时尚设计潮流中不断地创新、修正设计步伐，进而真实呈现出屋主的内心。

P128 林乔立 Jerry Lin

以人为本的设计理念，将有限的空间充分利用与发挥，创造出最大的效益；本着服务的热诚，加上本身的专业所学，让客户获得最大的利益。尊重客户的需求，融入我们的设计理念，让客户可以享受我们所规划的空间，进而充分改善客户的居家生活，这样的理念，永远不会改变。

P132 郑惠心

性格中理性与感性的和谐平衡，让郑惠心总监的设计作品往往超越性别的框架，铺排出大气而利落的线条格局，品味其细微之处，又可感受到内蕴细腻而柔致的余韵。
在室内设计领域10多年，始终秉持归零的哲学，如新生儿的好奇与求知，持续吸纳更多的创意思维，反刍为每个案例的设计养分，将静态的空间与动态的居住者，两者整合成完美的互动体。

P136 黄元泽

简单不单调，细腻不复杂，以人为本，创造房主真正需求的舒适空间。

P138 王友志

不一味地追求新颖或昂贵的建材及花俏的外观，而忽略设计的本质与初衷。希望把原本动线不佳或收纳不足的格局或空间，通过专业的素养和技能提升其实用性及功能性，并且经得起时间考验。
从细腻的沟通过程到完善的设计成果，无非是希望空间的使用者都能享受到无比的舒适与便利。
王友志空间设计不仅能创造最人性化的理想空间，更能衬托出主人独特的气质与个性美，让每个作品传达出特有的品味，让生活忙碌、讲究效率的现代人既能简单打理居家环境，同时又能享受奢华的环境氛围。

P142 何彦杰

通过充分了解与认识进入彼此对生活或空间的想象与需求、美学与实用科学的融合，在既有的过去中审视着此刻踏进可遇见的未来中。秉持着设计的精神，在看似有理数的秩序里谱写着空间本质可窥见的诗性，刻画出一种生活的模样，一份对家对空间的情感。

P146 江俊男

工作是生活的一部分，在空间里，在色彩中，在人与人互动之间，找寻迷人的趣味性，这是一种"乐趣"。
而设计是一种选择，过程中与人接触、沟通，从陌生到熟识，再从熟识成为挚友。工作不再只是工作，是一种关心、体贴与朋友间的一种契合，这就是我们对这份工作之所以如此热衷的动力所在，也把这份动力传达给每个热爱设计的朋友。

目 录

得比空间设计·设计师·侯荣元

珍惜所托·幸福圆梦

唯美空间 · 极致想象

本案是设计师为渴望优质生活的房主构筑唯美空间。在整体规划上，利用本案倒T的格局，将公私区域明确地划分，让功能与隐私性更加完整。从玄关走进公共空间，两面的开窗让自然光线静谧洒下，通过竹百叶的调整，增添居家空间的生动感。

坐落位置 | 新北市 · 板桥
空间面积 | 165m²
格局规划 | 玄关、客厅、餐厅、厨房、主卧室、男孩房、女孩房、长辈房、卫浴×3
主要建材 | 烤漆、石材、木百叶、进口壁纸、皮革、木皮

1.2.**满室明亮**：两面的开窗让自然光线静谧洒下，通过竹百叶的调整，增添居家空间的生动感。

与客厅处于同一条轴线的餐厅，以电视短墙作为隔断，并塑造"回"字环绕动线，让房主行走更顺畅，同时也延伸了空间的大尺度。圆满意象的餐厅，采用圆桌以及圆形天花线板呈现，侧边立面墙则构置一座壁炉，与上方的威尼斯镜共谱新古典风华，也为空间内部营造出人情暖意。

1.**区域划分**：从玄关进入客厅，以斗框式的设计及拼色大理石作为区域划分，并于梁下设置展示柜，让区域弥漫艺文气韵。
2.**动线顺畅**：与客厅处于同一条轴线的餐厅，以电视短墙作为屏隔，并塑造"回"字环绕动线，让房主行走更顺畅。
3.**新古典风华**：圆满意象的餐厅，采用圆桌以及圆形天花线板呈现，侧边立面墙则构置一座壁炉，与上方的威尼斯镜共谱新古典风华。
4.**长辈房**：田字造型立体床头，以白色烤漆刷色，在低调中呈现细腻质感。
5.**女孩房**：使用女孩喜爱的花卉壁纸样式作为空间主题，书桌、床头及窗台则以木作拉至统一高度，并设有上掀收纳的贴心功能。
6.**主卧室**：主卧空间延续一贯的新古典主题，并通过百叶窗的运用，让阳光洒满整个房间。

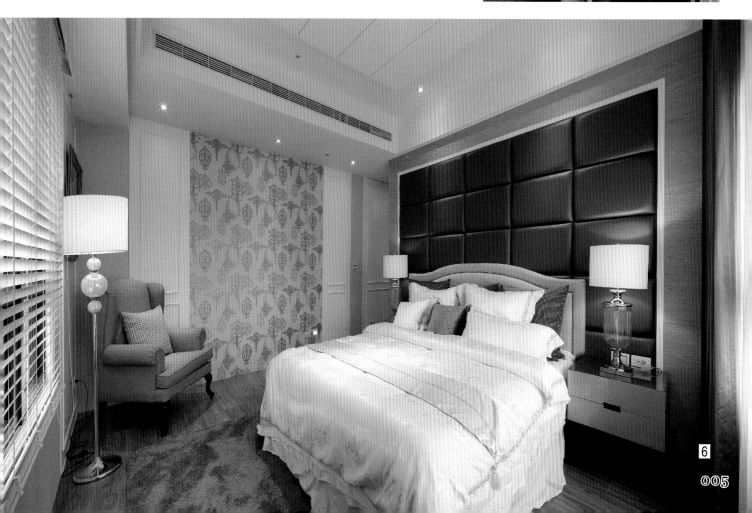

小夫妻的精品美宅

坐落位置｜台北市
空间面积｜92.4m²
格局规划｜玄关、客厅、餐厅、厨房、主卧室、书房、客房、厕所×2
主要建材｜拓岩板、超耐磨地板、木皮壁板、木格栅

　　不用出门，在家就像在精品旅馆。设计师为本案小夫妻营造出"简约、自然、休闲"的风格，因居家成员较为简单，将原本格局的3室改成2+1室，让实际使用面积更加充足，视野更加广大，精心打造出恬静自得，可以沉淀心灵的两人空间。

　　为了营造休闲感，运用了大量的天然元素，如玄关开始就购置木格栅天花、原木穿鞋椅；转到内部，墙面更是采用了山形纹木皮来提升空间的质感。来到餐厅，考虑到年轻夫妻常有朋友造访，餐桌选择比较大的尺寸，并配置中岛吧台，让用餐空间既有连接又可以相互对话。

1.**客厅：**开放式的客厅宽敞大气，设计师选择较为低矮的家具，营造出放大的视觉空间感。

2.**恬静自得：**设计师为本案小夫妻营造出"简约、自然、休闲"的风格，精心打造恬静自得的两人空间。

3.5.**穿透区域：**电视墙选择了木头格栅和拓岩板营造整体感，并界定了书房的空间。

4.**木质元素：**整个空间都采用山形纹拼接的木皮壁板，在拼接时连纹里都特别对过，勾缝也都有细节的处理。墙面与地板连接处刻意内缩，视觉上增添了轻盈的感觉，也较有层次。

6.**书柜：**书柜采用部分开放部分封闭的方式，收纳与展示功能兼具，柜子特意染成深色，与浅色空间搭配显得更为轻盈。

7.**餐厨空间：**考虑到年轻夫妻常有朋友造访，餐桌选用比较大的尺寸，并配置中岛吧台，让用餐空间有连接与对话。

8.**主卧室：**延续公共空间的自然质朴，床头墙面特意使用不对称的沟缝处理，增添了视觉上的变化和趣味。侧边的柜子则是以木头收框后再贴上皮革，增加设计感。

得比空间设计 · 设计师 侯荣元

饭店风的家 ·
时尚精品宅

坐落位置 | 台北市
空间面积 | 92.4m²
格局规划 | 玄关、客厅、餐厅、厨房、主卧室、男孩房、女孩房、厕所×2
主要建材 | 烤漆、不锈钢线条、镜面、大理石

本案洋溢着时尚饭店风韵味，设计师使用米色烤漆、大理石和一些局部的亮面材质营造精品饭店的感觉，让居家空间豪华又舒适。因为家族成员有四位，所以保留原有的三房格局。为完美演绎房主喜欢时尚、华丽的饭店风格，设计师从玄关、天花板到客厅主灯、壁灯等局部都以亮面点缀出华丽质感。

　　主卧室的主墙运用不锈钢线条和绷布装饰，柜子则用镜面装饰营造出时尚感。男孩房用黑、米、灰的色调表现，搭配现代时尚感的壁纸，突显出儿子的个性。女孩房希望营造出清新的感觉，所以采用了浅绿色壁纸，并把床头框架拉大，用深色边框装饰，营造空间感。

1.**活动拉门**：设计师特别在沙发左侧做了一扇活动拉门，平时可以保持立面的完整性，也可以弹性推移让光线自然地洒下。
2.**餐柜设计**：餐厅的餐柜仿佛一道美丽的端景，华美的镜面与壁灯相互呼应，让空间氛围盈满古典奢华感。
3.**营造时尚感**：家具选择上，以新古典风格为主，包含黑白条纹的单椅和皮革豆腐椅都能带出时尚感。
4.**宁静舒适感**：本案在色调的选择上，采用米色调为基调，营造出空间的宁静舒适感；餐区配置中岛吧台，让用餐空间有了对话。
5.**时尚奢华**：主卧的收纳衣柜同样运用奢华的元素，使用圆形的镜面装饰营造出时尚感。
6.**男孩房**：男孩房营造年轻与个性化，用黑、米、灰的色调表现，并搭配现代感的壁纸。

抚慰心灵的精致好宅

坐落位置 | 台北市

空间面积 | 130m²（含阳台）

格局规划 | 玄关、客厅、餐厅、厨房、书房、主卧室、儿童房、次卧室、两套卫浴设备

主要建材 | 雪白碧玉大理石、香槟玫瑰大理石、浅金锋大理石、云山水大理石、金镶玉大理石、咖啡绒大理石、枫木水波木皮、橡木洗白染灰海岛型木地板、进口高级壁布、高级茶镜、高级消光茶镜、定制画、定制家具

IS国际设计陈嘉鸿设计师，素有"豪宅设计师"的称号，他在任何房型中，皆能通过独到的美学见解，打造出品位与质感兼具的精品饭店式住宅。对于现在的陈嘉鸿而言，设计的初衷已不再是豪宅取向的气宇辉煌，而是通过"对话"深入居住者的内心，打造贴慰人心的精致"好宅"。

相对炫目华丽的线条铺陈或顶级稀有的材质选配，在豪宅的恢宏气度外，居住空间终究还是要回到实际的生活层面，需住得舒适、便利及开心。陈嘉鸿表示："空间的内涵并不只是娴熟的装修技巧，同时也在于提供一处功能完备的生活区域，让空间和使用者共同成长，并能为房主的喜好品位合身代言。"通过对话，达到梦想空间的风格表现；也通过对话，打造理想生活的实用好宅。

用石材描绘质感居家山水画

1

2

渐变内缩的黑白方框地面，与水波纹向外扩散的端景墙线条，在鞋柜门板的镜射倒影中，放大玄关尺度，IS国际设计将擅长的石材艺术带入公共空间，纹理细致的白色大理石墙包围客厅立面，借此放大电视墙器度，延伸线条收在水墨莲荷的定制画作前，塑造艺文优雅气息。

1.玄关：立面与地面的纹理，通过茶镜反射放大且拉长空间景深。
2.3.客厅：游走梁柱处的描边黑框，与地面处的金色饰带相互辉映。

1

2

　　设计师依循天花梁柱处的黑色描边线条，在地面处框以相同金色饰带与之呼应，并同样施作在餐厨区。隐藏在深色枫木水波木皮起伏线条内的私人区域，加入木地板与高级壁布元素，区域的转圜，也经过材质与色彩的跳接，有了公、私区域不同的变化。

　　除了材质的精巧铺排外，设计师也通过柜子与厨具的安排，修饰结构柱体的存在，增加了收纳功能，并在空间轴心的餐厅，将通往各功能领域的动线，隐藏在相同的立面里，另在窗边增设一处阅读展示区，并构筑方整干净的设计框架，在主从关系间，定义家的设计层次。

1.**艺文优雅**：定制的水墨莲荷画作，以屏风形式立于沙发背景墙，营造艺文优雅氛围。

2.**餐厅主墙**：导角收边、细致切割的镜面设计，在一片木色沉稳中作为餐厅主景。

3.**阅读展示区**：设计师另在窗边规划一处阅读展示区。

4.**次卧室**：通过画作与寝室色系的转换，空间氛围截然不同。

5.**主卧室**：水蓝色系寝饰，搭配床头定制画作，优雅质感立生。

内敛优雅 · 新人文概念

坐落位置 | 高雄
空间面积 | 238m²
格局规划 | 接待厅、客厅、餐厅、厨房、书房、
卧室×3
主要建材 | 胡桃木、灰网石、钢琴烤漆、壁纸、
铁刀木染黑、铁艺方管、裱布

不刻意设置空间亮点，而是通过家具、家饰的深浅变化，前中后景的延展，表现更内敛的设计层次，让空间自然流露出优雅品位。室内拥有大面积的空间条件，经过成晟设计的拆解、串联、整合，通过运用内敛稳重的建材和色彩语言，烘托空间的人文气息，加以流畅理想的动线格局，大大提升了视觉享受及功能性，并展现出住宅的空间尺度。

1.**接待厅**：用空间的梁拆解内外关系，主人可依访客亲疏引导入内。
2.**客厅**：初看之下家具造型简单，但由于地毯及背景墙的层次衬托，使客厅立即有了名家品位。

1

　　简约别致的入口接待厅，横于中间的结构梁是拆解空间的元素，让主人能依访客的亲疏关系邀请入室，多人聚会时也可以当成另一个得体的待客场所。客厅与餐厅向来是传达品位的核心地带，着重大气通透的质感营造。开放式空间，串联最大尺度的视觉享受，内外沿用相互呼应的现代色彩，并以家具布局衬托视觉层次感，呈现浓淡有致的沉稳画面。室内同时融合恰当的艺术品与灯光，不但柔软了深色的空间表情，也演绎出豪宅的人文精神。

2

3

4

1.餐厅：轻薄设计的深色桌面，使餐厅具有沉稳氛围却不显沉重。

2.3.布置：通过质感的家饰布置，让空间有了视觉亮点和生命力。

4.镜面：落地的镜面延伸空间尺度，也调和大量深色比例的重量。

5.吧台与厨房：空间主要配色概念延续到厨具上，使用深浅对比的方式，让质感自然显现。

6.主卧室：作为休憩使用，以舒服雅致的配色及大量裱布，营造适合卧室的调性。

研棠设计工程有限公司・设计师 庄昱宸

流畅动线改写老屋格局

坐落位置 | 台北市・民生东路
空间面积 | 149m²
格局规划 | 玄关、鞋帽间、客厅、书房、餐厅、厨房、运动休闲室、主卧套房、更衣间、次卧室、客用卫浴、后阳台
主要建材 | 灰网石、咖啡绒、黑森林大理石、茶玻、喷漆、柚木、海岛型木地板

1

纵观本案，流畅的格局动线不浪费一丝过道的功能空间，与收纳完美结合的美感规划，令人赞赏惊叹。事实上，想抓住格局的优势并不容易，往往空间比例、采光动线、段落分界等一个细节掌握不当，格局就容易显得滞碍突兀。而此旧房翻新案例中，重新分配后的格局，不仅整合了房主的功能需求，更考虑到了通风与采光的串联。

1.玄关：大理石拼花与透明端景墙的喷花造型呼应，为位于格局中央的入口引入书房的自然采光。
2.客厅：沉稳休闲味道的木地板上，古典线板表现对称安定的装饰语汇，框定气势磅礴的利落石材，构造出利落内敛的简约新古典气势。

　　本案为庄昱宸设计师为一家三口打造的现代古典居家，由步入玄关开始，通过玻璃端景墙的规划，引入来自书房的自然光线，转入客厅，全室空间由此开始，公共区域皆以开放或穿透的隔断思考，与下一个空间串联，形成以使用顺序为思考的流畅生活动线。而风格表情上，纳入优雅的古典装饰，与现代简约的自然材质，以深度的美感织入流畅明快的空间格局中，构筑舒适的功能生活。

1.**空间串联**：格局调整后，开放式空间以客厅为中心，与书房、餐厅形成三角互动关系，整合通往卧室的动线，省去了廊道过渡空间的浪费。
2.**运动休闲室**：在厨房中较凸出的运动休闲室转角隔断，以穿透式的茶玻璃化去量体的存在感，与内部大面积的镜面形成趣味的虚实交错。
3.**书房**：以纯净的白色延墙规划收纳与展示空间，拥有明亮采光的书房，以穿透式的门扇与隔断将采光导入客厅。
4.**餐厅**：由客厅望向餐厨区，圆桌、水晶灯、天花造型串起完整的用餐，并以收纳矮柜搭配展示功能作为主景。
5.**段落划分**：餐厨功能以地面的材料为划分，设置石材台面的吧台，并沿墙、天花做出等宽"框"线，拉高的台面设计挡住厨房台面的杂乱。
6.**主卧室**：纳入明亮采光的主卧空间，以连续的口字框造型营造轻古典的浪漫氛围。

日光·营造自然生活场景

坐落位置｜台北市

空间面积｜122m²

格局规划｜玄关、客厅、餐厅与厨房、储藏室、工作阳台、主卧套房、女孩房×2、客用卫浴

主要建材｜橡木钢刷、黑铁、大理石石皮、烤漆玻璃、碳化南方松、意大利板岩砖、绷皮、结晶钢烤

为了在简约的现代风格线条中，营造纾压自然的生活温度，研棠设计于空间材质的挑选上，以内敛简约的自然材质为主，屏弃过多利落、时尚的亮面打磨石材与镜面，空间中的木质与石材、客厅中的布面沙发、皮革单椅，都以不造作的姿态，呈现略为粗犷的手感材质，并以灰阶为色彩基调，演绎舒适温润的氛围。

1.玄关：原木色的地面纹理与敞亮的日光揭开自然不造作的生活风格。
2.客厅：空间仿佛以日光为基底，木质与铁艺的元素创造浓厚的人文气息，而沙发背景墙与沙发串起日光的白与铁艺的黑，呈现温润舒适的氛围。

2

双面收纳高墙划开玄关与客厅，保留上端的空间衔接，延伸的线条些微缩减客餐厅的直接衔接，创造出相对明确的效果，将储藏室、鞋柜、电视机柜、内嵌冰箱的空间纳入规划。客厅原先一道穿过客厅的梁柱，设计者不刻意隐藏，反于对称处添加一道梁，划出对称安定的视觉感受。另外，于廊道与客厅衔接的立面设置开阖门，平时隐藏于立面内，必要时用以隔开公、私区域，是庄昱宸设计师于动线规划上的巧妙构思。

1.**窗前架高平台**：落地窗前，架高的地面留白作为家中孩子们嬉戏的小平台，绿意盆景雕塑般的构图与沙发背景墙的挂画，共叙空间的自然气质。

2.**梁柱修饰**：格局调整后，客厅留有一道贯穿的梁柱，为保留屋高敞阔，研棠设计反向于近采光侧加置一道梁柱，作为安定视觉的分割线条。

3.4.**功能转换**：开放的客餐厅于格局调整后，仅保留动线的衔接，串起通风与采光的同时，以石材、木质地面转换，而水平等高的木质收纳元素作为风格延续。

5.**公私区域划分**：客厅一角，细铁艺拉起木层板悬浮于空间中，宁静的端景营造动态轻盈的视感；左侧廊道与客厅开阖门扇，不用时可整齐隐藏于立面中。

6.**玄关**：木质立面与石材地面引导狭长的动线，于粗犷的大理石凿面端景处转折。

7.**次卧空间**：空间两侧都有梁柱，床头上方以一道弧线修饰，跳色的主墙成为空间主要氛围，衣物收纳构成床尾立面，窗前则有独立的置物展示区。

迎景入室·光合水岸雅境

坐落位置 │ 新北市·三重区
空间面积 │ 310m²
格局规划 │ 玄关、客厅、餐厅、书房、佛
堂、主卧室、次卧室、儿童房、
卫浴×2
主要建材 │ 茶镜、水纹玻璃、橡木、喷漆、
黑檀木、石材

以清雅明亮的色彩为主导，伴随百看不厌的简约线条，闲逸静好的气氛中，让人可以专注于迎景入室的无价享受。室内少有抢眼建材的堆砌，家具、灯饰和壁纸都用以衬托简单却别致的质感，富亿设计"生活即艺术"的理念潜伏其中，升华空间价值，进而展现居住者与建筑相互呼应的生活美学。因地制宜规划开放式的空间形态，坐拥明媚风光和宽裕尺度自是不在话下，自入口到卧室，全室以温雅之姿和天光、景色交融，在环境濡染的休闲雅境中，体现了怡情养性的生活之道。

1.书房：光影和木纹交融之下，书房自有一股温雅与宁静。
2.主卧室：工整大方的几何分布，加上对称性的壁灯和床头柜，营造饭店式的雅致表情。
3.次卧室：以适合年轻人的风格调性为主，并选择采光充足之处设定书桌，沐浴天光又迎来河景为伴。
4.主卧卫浴：紧贴建筑弧形格局的澡池，坐拥高楼风景，生活也能是一种至上享受。

自然利落·白袍 医生的舒心角落

坐落位置 | 高雄市
空间面积 | 132m²
格局规划 | 玄关、客厅、餐厅、厨房、书房、主卧室、长辈房、客房、卫浴×2
主要建材 | 大理石、拓采岩、文化石、风化木、镜面、铁艺

压力庞大、事务庞杂的医生工作，在脱下白袍后的返家时光，希望能在简洁利落的居家线条里，感受纯然纾压的放松休憩。禾轩设计在进门处运用局部穿透的拓采岩造型屏风，以分界独立玄关功能，灰色系鞋柜延伸向后接续餐厅柜子的收纳功能，多达60cm的深度可完善收纳生活物品，拉出齐整开阔的空间线条。

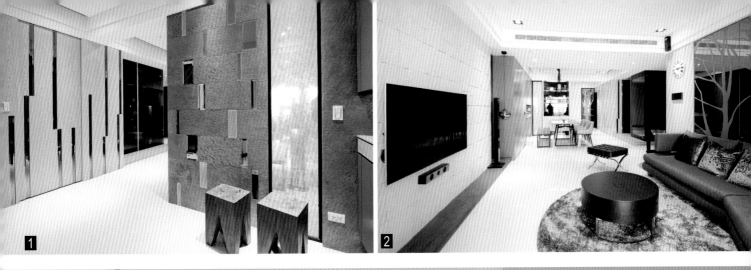

偌大的公共空间运用文化石与风化木皮等自然元素,辅以设计师手绘的树林图案喷砂灰镜,在自然温暖与冷冽利落间平衡空间温度。架高地板规划的书房是男主人最常待的空间,设计师特别以黑玻璃门墙营造玻璃屋概念,可从视觉上串联每一个独立区域,而贴饰于主墙面的立体造型壁纸,更是画龙点睛让空间尽显质感。同样的壁纸效果来到主卧室中,改以仿石材纹理平衡粉红色寝室的浪漫柔美,置于床尾处的大衣柜采用夹砂玻璃规划,如同艺术展场的灯箱设计,增添了艺术氛围。

1.**屏风**:局部透光及内嵌夹砂玻璃的拓采岩立面,塑造艺术感独具的造型屏风。

2.**简约利落**:偌大的公共空间线条简约利落,构筑清爽干净的空间视野。

3.**立面层次**:深灰、浅灰与灰镜材质,变化水平立面上的视觉层次。

4.**餐厅**:玄关鞋柜向内延伸接续餐厅柜子,多达60cm的深度,可完善地收纳家中物品。

5.**主题壁纸**:贴饰墙面上的主题壁纸,画龙点睛让空间更见质感。

6.**艺术氛围**:以艺术灯箱概念打造的夹砂玻璃衣柜,通过灯光明暗增添艺术氛围。

7.**主卧室**:仿石材纹理的壁纸,平衡粉红色寝饰的浪漫柔美。

纯粹·蓝调

坐落位置 | 新竹市
空间面积 | 231m²
格局规划 | 玄关、客厅、开放式厨房、餐厅、长辈房、多功能房、主卧室
主要建材 | ICI乳胶漆、全木作、LED灯、实木皮海岛型木地板、喷漆、实木木皮喷色、烤漆玻璃、定制家具

面对整日喧嚣，本案使用优雅而宁静的蓝色调，以适切的温度调和舒压质感，温柔洗涤了归家时的疲惫灵魂。

不简单地色彩调性，来自于女主人的心爱衣物，大胆且大面积的铺陈之间，满足了男主人特色及个性化的表现，且在公领域平衡出彩度的纯粹简练，电视主墙面巧妙选以黑色构织影音设备与机柜，让充满张力的蓝色调不抢戏，并静静地烘衬空间气息。

1.线条效果：不设限的线条律动，在开放式的餐厨空间里，大胆串接着区域关系。

2.主卧梳妆区：白色梳妆镜搭上的玻璃台面珠宝盒，让女主人的私密有了公主般地奇想。

3.色彩运用：空间色彩鲜明且具个性化，是男主人的风格期待，设计师大胆地将其应用入客、餐厅主墙，彰显出生活的理想样貌。

4.框景：主墙上小小开口，框景出生活中的小趣味。

5.主题墙面：为化除风水疑虑，电视主墙面采活动式隔屏，轻松转化主题形式。

走进主卧私密区域，考虑到电视直对床的风水疑虑，设计师反以活动造型拉门为挡，进、退之间成就了主题墙与功能设定，而背向的化妆台空间，刻意安排白色框体化妆镜与玻璃面的珠宝抽盒，辅以柔美蕾丝窗纱，在阳光下轻透、晕染精彩光影，无论睡眠还是梳妆，从主墙面中的长形开口里窥视，皆如一幅静谧画作，完美演绎了女主人的浪漫情怀。

艺术风入室·向几何抽象
大师蒙特瑞安致敬

坐落位置 | 新北市·三峡区
空间面积 | 198m²
格局规划 | 4室、2厅、2卫
主要建材 | 胡桃木皮、雾面玻璃、毛玻璃、条纹玻璃、雕刻
白大理石、茶镜、墨镜、日本进口壁纸、绷皮

　　荷兰画家蒙德里安以垂直与水平线条的交错设计，辅以简单色块的铺陈，独树一帜的风格演绎，不仅奠定其在艺术界的不朽地位，更是多位时尚大师的灵感来源。本案中安藤设计师撷取蒙德里安的经典元素，在立面和门板上，以多元的玻璃材质表现非制式的矩形与正方形，在房主期待的敞阔空间感里，打造出品位与功能兼具的艺术感住家。

毛玻璃、雾玻璃、条纹玻璃与局部留白交错拼叠的屏风，在玄关端景处阻挡入门穿堂视野，也延续到厨房电动门板设计上。紧邻群山与学校的环境优势，给了本案开阔清朗的设计条件，为协调房主早已选购的家具色系，设计师以浅米色日本壁纸与胡桃木色搭配沙发与餐桌，并在餐厅两侧墙面以茶镜与墨镜切割，放大空间并增添视觉层次。进入私人区域，以木地板铺叙温暖氛围，除了在床头主墙呼应公共空间的几何元素，更贴心考虑到小女生的需求，并配备抽拉式子母床的规划。

1.**电视墙**：电视墙由房主指定的雕刻白大理石对花而成。
2.**环境优势**：紧邻群山与学校的环境优势，映照出一室敞朗明亮。
3.**屏风**：在玄关端景处配置造型隔屏，化解风水问题。

1.**功能配置**：设计师为搭配沙发拉长局部墙面，另在墙后贴饰镜面消弭突兀感；而预留未来麻将区的餐厅前方，则在天花上设计独立照明。

2.**对称镜墙**：餐厅两侧墙面以茶镜与墨镜放大空间，并增添视觉层次，进而衬托悬挂其上的画作质感。

3.**主卧室**：主卧室以简约温馨利落呈现。

4.**大女儿房**：设计师依照电子琴高度，规划一体成形的床头桌与书桌，让小主人只要搬动椅子即能阅读或弹琴。

5.**二女儿房**：面积较小的房间，床尾处增设柜子，完善了功能性。

森林里的时尚经典宅

坐落位置 | 台中·七期
空间面积 | 175m²
格局规划 | 玄关、客厅、书房、餐厨区、双主卧（卫浴、更衣间）、公共卫浴
主要建材 | 曙光大理石、珊瑚洞石、进口抛光砖、钢刷柚木皮、钢刷白橡木、曼特宁木皮、铁艺、镀钛金属、酒精壁炉、烤漆、特殊漆、木皮、裱布、壁纸、超耐磨地板、皮革

　　房主因工作辗转由台北桃园来到台中定居，选择这处以"入深林"为题、外观宛如垂直森林的建案为最终落脚处，在空间规划及选材上皆十分讲究，因此如何为时尚的房主，于空间中纳入奢华与自然调和的风格元素，成为最重要的课题。本案中电视主墙以利落时尚的石材，通过线性切割表现深不见底的"森林"，成为空间不容忽略的美丽景致。

沙发背景墙以收纳创造环状动线，背面嵌入无燃烟的酒精壁炉，于珊瑚白大理石中缓缓释放温度。背对书墙坐在壁炉前，挟伴着窗外绿意与宛如森林的曙光大理石，宁静的阅读午后就此开展。与阅读区位于同一轴在线，串联绿意采光的餐厨空间，木质与铁艺的自然人文温度调和前卫的不锈钢、石材餐厨台面，将用餐与煮食的功能以材质划分，并于展示房主马克杯收藏的功能之中，藏起空间唯一的大柱体。

1.**沙发背景墙**：直向的皮革纹理与横向的镂空平台，平衡空间的线条走向，环状动线串起阅读区与客厅的开放关系。
2.**廊道**：串起全室功能空间的廊道，展现深邃的格局尺度；右侧木质立面藏起正对客厅的公用卫浴门扇。
3.**玄关**：悬浮的收纳量体与立体雕塑的木质立面，循着天际光带的引导，将视线落定在采光景致中。

1

2

1.阅读区：内嵌酒精壁炉为主景，不产生烟雾的真实火焰温度，于居家空间中暖身也暖心。

2.人文自然风：内敛的木质书柜与白色珊瑚洞石成为鲜明对比，调和着空间人文与自然两种现代元素。

3.餐厨空间：沉稳的木质元素平衡冰冷的厨具调性，空间中唯一的柱体于马克杯展示架后方被巧妙掩盖。

4.光线廊道：串成轴线的书房与餐厨空间，两侧都有自然采光面，成为明亮舒适的光线走廊。

纳入经典的时尚色调为休憩区的设计亮点，考虑到一家三口简单的人口结构，将原先三房的格局改为双主卧空间，几乎对称的空间格局，皆备有独立的更衣空间，仅有卫浴功能与大小的些微差异。父母居住的卧室，醇厚的宝蓝色电视墙成为休憩空间的时尚主视觉，除卧眠区外空间规划二进式的更衣收纳，满足两人的衣物收纳量。女孩房以时尚经典的爱玛仕橘为用色，如城堡般的立方切割线条，用于床头、书架等立面。

1.主卧空间：床头位于梁下，设计者以一格格的暗柜取代常见的对称量体，化去收纳的存在感。

2.梳妆台：蓝色的主墙后方，规划梳妆台与两个大衣柜，右方立面另有步入式衣物收纳间。

3.主卧电视墙：醇厚的深蓝色延伸采光面的转角，作为卧室的视觉重心，切出后方的梳妆更衣区。

4.女孩房床头：同样有压梁问题，20cm的梁深不足以规划收纳，所以，以宛如城堡的立方形营造立体层次。

5.女孩房：主卧面积相同，方形的几何拼贴与时尚的爱玛仕橘构成女孩房的时尚风格。

6.阅读区：白色铁艺层架作为双面书柜，作为后方书房的划分衔接，书房左侧为独立更衣间。

偶像剧场景再现·
人文时尚空间

坐落位置 | 新北市·中和区

空间面积 | 132m²

格局规划 | 玄关、客厅、餐厅、厨房、书房、主卧室、次
卧室×2

主要建材 | 灰镜、梧桐木皮、锈蚀砖、烤漆、铁艺、实木
二丁挂、纤维皮革、水冲面石材、凿面二丁挂

　　从事旅游业的七年级女生，对于生活品位有着过于常人的敏锐嗅觉。星叶室内装修设计，平衡美感与功能的比例拿捏，以房主向往的经典偶像剧作为设计主题设定，辅以丰富媒材的铺陈刻画，呈现出人文时尚的空间气质，重新诠释开敞格局的视界关系。

1

2

3

将主卧入口及原先的冰箱位置进行平移调整，根据起居需求制定出功能随形的动线逻辑。选择大理石水冲面作为空间主景，搭配烤漆铁艺的质感收边，满足实用与美感兼具的机柜需求。主卧室运用了格栅式的屏风规划，营造出更加安定的舒眠环境，也一并回避了卫浴正对床铺的风水忌讳。床头部分采取封皮处理的人造皮革，透射出光影渐变的迷人色泽，循序酝酿低敛沉稳的空间性格。"即使无法拥有来自星星的你，也能入住来自星星的场景。"

1.风格家具：置入经典风格的沙发款式，为低调空间增添浓郁回味的视觉亮点。
2.造型砖面：以上下映射的光晕效果，格外加深了板岩砖所呈现出的立体层次。
3.开敞格局：通透开敞的视野格局，利用结构梁柱与家具定位，明确划分起居生活的功能界域。
4.展示书柜：结合实用功能的错落层次，让收纳本质转以端景形式呈现。
5.隔屏：运用了格栅式的屏风规划，营造出更加安定的舒眠环境，同时也回避了卫浴正对主床的风水忌讳。
6.次卧室：融合现代时尚的线性元素，逐一注入细腻雅致的人文内涵。

专属时尚·爱马仕精品宅

坐落位置 | 高雄市
空间面积 | 320m²
格局规划 | 客厅、餐厅、厨房、主卧室、长辈房、客房、书房
主要建材 | 卡拉拉白大理石、灰镜喷砂、灰玻璃、木地板、皮革

"以爱马仕精品般的风格质感，打造出专属的时尚舞台。"陈谊设计师根据居住人口简单的作息需求，采取3+1房的功能规划，即在夫妻二人共享的大主卧配置之余，另外安排出长辈房和客房。

选择以纹理细致的卡拉白大理石作为厅区主景，搭配适度的灰玻璃，让视线落点能够延伸直达后方的书房端景。此外将房主收藏的精绣丝巾裱框处理置入客厅背景墙，以绣纹元素延伸至两侧的灰镜喷砂，呈现出精工质感的高雅品位。

1.**电视主墙**：选择以卡拉白大理石作为厅区的主景画面，搭配了适度的灰玻璃表现，让视线能够顺势贯穿到后方的书房端景。
2.**天花板**：结合了间照手法，将吊隐式冷气出风口一并纳入天花板造型。
3.**客厅背景墙**：将房主从国外带回来的精绣丝巾裱框处理，形成细致高雅的装置端景，而在两侧的灰镜喷砂图腾，则是延续了丝巾上的绣纹元素。
4.**大主卧格局**：一应俱全的大主卧格局，包含了卧区、更衣室、起居空间以及书房在内，提供完整齐备的作息需求。
5.**书房**：运用间接照明所透射出的自然光感，呈现出更加立体的展示效果。

1.**收纳五金**：搭配了可360°旋转陈列的收纳五金，不仅让喜爱衣物都能完全展示出来，也创造出加倍容量的储物空间。

2.**更衣室**：仿佛精品橱窗般的更衣室规划，埋入层板之间的迷人光感，让每一处功能细节都值得再三咀嚼。

3.**长辈房**：为偶尔来访的年迈父母，所精心构思的长辈房规划，兼具了风格质感与实际生活的舒适性。

4.**主卧室**：在主卧床头的材质选择上，以皮革处理传达出精工时尚的情境主题。

5.**客房**：化简无谓刻意的装置修饰，选择温馨宜人的彩度氛围，还原卧眠空间的舒适本质。

奥立佛室内设计·设计师 钟雍光

时尚潮流·异材质混搭哲学

坐落位置 | 高雄·鼓山
空间面积 | 330m²
格局规划 | 玄关、客厅、餐厅、吧台、厨房、储藏室、书房、主卧室、儿童房、客房
主要建材 | 金属镀钛、石材、铁艺、实木皮、人造石、文化石、石皮

　　不限于单种材质引领的流行趋势，奥立佛室内设计以混搭理念创造新潮流，室内搭接石材、金属、实木等异材质，结合细致的工艺技术，体现多样化媒材交错、衔接而成的设计美感，让住家空间在利落美型的延展中，串联出属于年轻人的潮流时尚。玄关和客厅结合半镂空的穿透式设计，以稳重扎实的石材质感，颠覆既定印象演绎轻盈的结构之美，经由立面的虚实间隙，也拉远隔断界线，进而展现更丰富、深邃的空间层次。

1

延续异材质的混搭主轴，通往卧室的长廊，以沉稳的木材与金属构筑一段深色隧道。书房与卧室，是能传达居住者个性品位的地点，有别于餐厅旁简约明亮的开放式阅读场所，男主人专用的独立书房，使用英式古堡风格的熏黑红砖结合拱形书柜，堆砌出像电影中小酒馆般的复古质感。风格与之呼应的主卧室，则延续相同的深色沉稳色调，经由胡桃木纹和文化石的比例构成，让自然质朴与现代品位交融，诠释异材质混搭而成的时尚个性。

1.餐厅(一)：木质萦绕的餐厅区域，又有日光交融的温暖，置身其中倍感放松。
2.餐厅(二)：开放型态和轻食分区规划，让木质餐厅与简约吧台，成为一处相融的核心地带。
3.次卧室：一改室内主轴配色，中性色彩弥漫在空间之中，纾压因子油然而生。
4.男主人书房：熏黑红砖加上拱形书柜，一同堆砌出英式小酒馆的复古味。
5.主卧室：异材质的对话中，让天与壁错觉延伸，传达年轻人的时尚品位。

3

2

4

5

惹雅国际设计 · 设计师 张凯

黑材质拼接的利落空间

　　尝试于木质纹理层次里感知细腻的人文温度，对比钛金板、特殊铝金属板、矿岩板、实木皮、镜面、玻璃等，多样黑材质拼接的利落的空间立面，在两者色调的对话韵律中，写成一首关于材质与向量的诗。

坐落位置 | 新店玉上园
空间面积 | 172m²
格局规划 | 客厅、书房、阳台、厨房、主卧、长辈房、儿童房
主要建材 | 岩板、茶氟酸镜、黑镜、金属、黑铁、喷漆、木地板、清
　　　　　　　水模水泥板、定制进口手工染色木皮、进口壁纸、皮革

5

　　进门处，木质与黑铁的斜角结构为空间端景，沙发主墙的人文调性与电视墙的时尚风格形成角力，电视主墙以超过五种材质的细腻雕塑手法，呈现奢华的时尚工艺质感；同样以质感为题，大跨距的木质柜子呈现横向纹路的立体感，整个沙发背景墙诉说的是诚品书店般的人文气息。横向延展的空间走向，为原先纵深稍浅的格局拉开大气的生活尺度，并将通往其他空间的动线，完美藏于立面风格中，营造明亮、敞朗的空间感受。

1.玄关端景：玄关处的铁艺屏风与客厅手染木皮贴饰的斜向端景墙，以共同的线性语言衔接。
2.玄关转折：由一道镜面作结，以线性木纹质感开始与沙发的风格衔接。
3.材质拼接：石与木低调的自然纹理，通过色彩的断面与线条的不延续营造内敛的动态视感。
4.办公功能：暖木色的桌面于彩度较低的空间色调中十分抢眼，简约的设计线条纳入预留的线路孔，维持桌面双向使用的整洁利落。
5.人文风味：以铁艺框定的隐藏式书柜，横向的线条与电视主墙对望，木纹线性质感创造诚品书店般的人文风情。
6.书房：位于客厅向阳处，原先纵深稍浅的格局在调整后有了明亮舒适的格局配置，浅色的地面铺陈，在日光下反射优雅的生活情调。

6

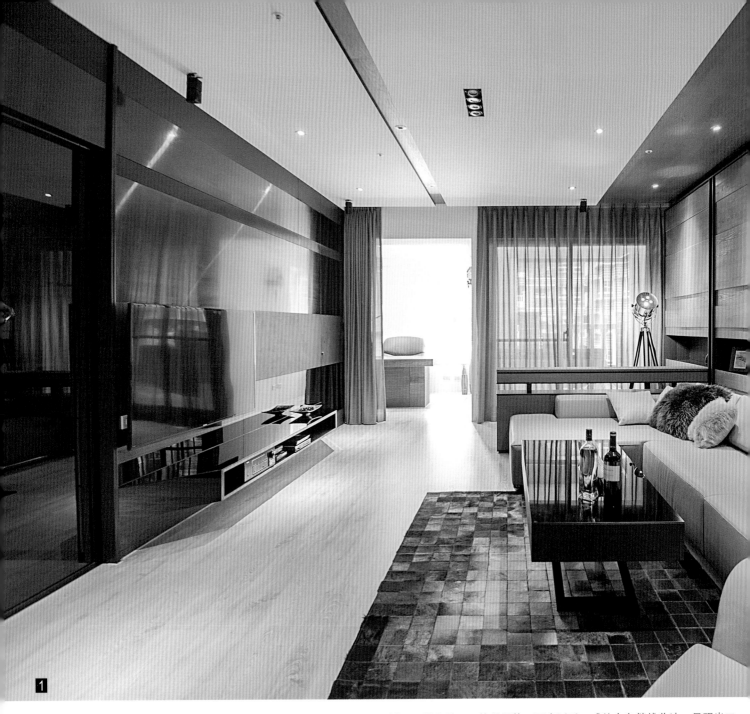

1

　　延续公共领域的人文时尚质感，主卧室以质感与柔软感受兼具的皮革材质，搭上前卫风格的黑镜，两者以手工感的白色缝线收边，呈现出工艺精品般的细致质感；预留的儿童房与长辈房，则更贴向自然清新的人文风格，以浅色的木质完成空间的功能与质感，在人文与时尚的激辩中，成就了这处精品居宅。

1.**电视主墙**：横向延展的线条为原先纵深稍浅的客厅拉开视野深度，并将厨房动线纳入作为轴心。
2.**空间功能**：沿墙规划的大面积收纳，不同深度的柜子与黑镜屏风为卧眠空间提供二进式的私密感受。延续铁艺"框"的手法设计电视支架，可横向移动的巧妙构思让功能更加灵活。
3.**主卧室**：床头背景墙以触感极佳的皮革处里，黑镜与白色的缝线交织装饰，呼应公共空间的时尚元素。

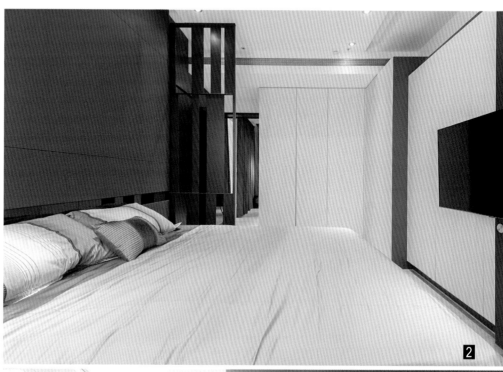

2

3

经典黑·框景艺廊

坐落位置｜台北市·新庄（头前重划区）
空间面积｜149m²
格局规划｜玄关、客厅、餐厅、厨房、书房、游戏室、主卧室、主卧衣帽间、主卧浴室、客房、厕所、阳台
主要建材｜石皮、大理石、茶镜、进口壁纸、超耐磨木地板、线板、ICI乳胶漆、线板喷漆

　　以光的虚盈、消长，驾驭墨黑的浓淡层次，经典设色的深浅交错间，颠覆人们对奢华的传统认知。室内简约线条的家具注入低调精神，创新的风格演化和黑色新古典逻辑，打破了传统的空间意象，不同以往的风格质感慢慢发酵，在完整通透的路径中以简驭繁，淡淡传达沉稳内敛的大气韵味。

5

以深浅黑色交错，使新古典有了与众不同的面貌。室内大面玻璃、茶镜及大理石，构筑了清透又沉稳的空间节奏，同时起到平衡大量深色元素带来的压迫感。新式古典线条搭接成的精致框景是客厅的一大亮点，除大幅保有通透性的界线外，还让视线所及的空间不分内外，蔓延艺廊的优雅宁静。阳光穿透窗帘轻砂，谱写出华丽而朦胧的生活场景，新古典底蕴交融现代因子，在经典黑潮的串联与转换后，重新诠释出更细腻、迷人的质韵。

1.**走廊**：张扬与浮夸不再是"奢华"的唯一表情，经典黑色的深浅交错间，以整体搭配呈现的沉稳风格，颠覆人们的传统认知。
2.**书房**：以简约线条的家具注入低调精神，大面玻璃打破空间界线，里外鲜明对比的明暗深浅，反而衬托出不同以往的风格质感。
3.**书房外**：通透玻璃及地板阶层，轻盈带出区域的跨界交点。
4.**吧台**：厨房以石材与玻璃演绎跨界的现代美感，呼应讲究功能性的空间形态。
5.6**餐厅**：深浅黑色与材质交错而成的视觉层次，在镜中又创造出更深邃的景象。

6

馥筑时尚室内装修设计有限公司 · 设计师 汤镇安

整合零碎线条 · 打造温馨明亮生活

坐落位置 │ 新北市 · 五股区
空间面积 │ 83m²
格局规划 │ 玄关、客厅、餐厅、厨房、书房、主卧室、儿童房、卫浴×2
主要建材 │ 大干木、梧桐木、灰镜、铁艺、大理石、超耐磨地板

　　住宅的样子，来自于使用者的期待，这种期待往往通过在与环境交融建构而成。落居于洲子洋重划区的本案需在有限空间里，满足完整家庭的功能配备，设计师拿掉客厅后方墙面改以清玻璃隔断，作为可与家人共享视听娱乐的穿透感书房，并引入落地窗外清朗日光构筑敞亮样貌；另外调整儿童房门板动线，让出完整餐厅格局，也明确分界公、私区域，家的基础样貌，于焉而生。

以意大利进口砂岩砖铺饰的玄关地面，除了框定明确的玄关区域外，更具有吸附落尘的功能，圆弧切割的灰镜立面内隐藏了鞋柜，线条延伸向后的导弧线条则可修饰隐藏视听设备柜，末端处以造型墙面完美衔接深浅有别的立面，结合金属烤漆收边与LED光带，打造出立体简约的电视墙造型；相同的圆弧线条也通过染白大干木沿墙包覆，进而修饰客卫浴门板，简化了庞杂零碎的线条，且让空间更感简洁放大。主卧室中紧临窗边的结构柱体，结合衣柜深度设计并共同采用绷皮修饰，一整个墙面的收纳规划，使小空间一样拥有完整的储物量。

1. **延伸视野**：改以清玻璃隔断的穿透感书房，可拉长空间景深增添视野层次。

2. **电视墙**：电视主墙两侧以金属线条收边，后方藏有LED光带，营造清爽简洁的明亮利落感。

3. **隐藏设计**：利用大干木无接缝拼接的导弧木作墙面，从玄关转折延伸到客厅导引入内动线外，亦隐藏客卫浴门板。

4. **餐厅**：餐厅上方的结构梁柱经过木皮与油漆错层铺叙修饰，进而营造悠闲雅致的餐叙氛围。

5. **书房**：架高木地板规划的书房里，也精算矮墙与书房高度，打造可阅读并能望向客厅电视的舒适视野。

6. **主卧室**：沿墙配置的大面衣柜具有完备收纳空间，设计师另在床头处采细致绷皮凸显床头气势，并顺势隐藏窗边结构柱。

4

5

6

惬意共赏·视野 无尽景观宅

坐落位置 | 永和
空间面积 | 116m²
格局规划 | 玄关、客厅、餐厅、观景吧台、厨房、房间×3
主要建材 | 皮革、实木皮、石材、铁艺、镜面

　　本案改造前是被拆分成五间套房的出租屋，也因此它有着与常见旧房翻修不同的挑战与可能性。购屋之前，许炜杰设计师陪同房主一起到现场分析，从专业的角度评估了空间的优劣。勘查发现隔断零碎的老房子，不仅原始采光条件良好，窗外更拥有无遮蔽的高楼景观，只要因地制宜进行恰当的格局规划，就能展现截然不同的新气象。

打通零碎格局是改造的第一步，许炜杰设计师重新串联空间，以加乘手法创造通透明亮的大气视野。玄关使用木质线条与茶镜，交融出休闲人文印象，三阶段地面，自然划开玄关、走道及客厅，通过色彩与材质的无形界定，让空间凝聚放大，创造明亮通透的生活质感。长廊上零碎的出入口，利用数组式串联多层次媒材，在镜面、玻璃的虚实交错之间，让打断延续性的数个缺口，成为反射与放大室内景象的亮点。被定义成家庭交流核心的餐厅，设计者以人字拼贴实木条，带出一股轻人文气质，辅以光影蔓延的透空书架，不但有着沉静深邃之感，窗前另外规划的观景吧台，也让生活充满美景共赏的惬意。

1.玄关：以双色搭配的皮纹砖营造温暖特质，使用色系相仿的设计学习，创造自然温润的休闲印象。
2.玄关望向室内：仿古面木化石及铁艺元素从玄关延伸入内，通过垂直线条的跳跃衔接，让墙面更大气完整。
3.书架：透空式的书架设计，在质感中营造出沉静深邃。
4.走道：室内另一道大面积的主题墙，于透视、反射的虚实交错中，藏入零碎的出入口，亦无尽延伸客厅及餐厅视感。
5.餐厅：餐厅主墙以人字拼贴的实木条，提升空间的人文氛围。

1.**天花板**：老旧建筑存在多梁柱的缺点，设计师通过在天际全面铺展格栅状线条，虚化真实梁柱的存在感。

2.**休闲吧台**：重拾高楼层景观的珍贵价值，于窗前规划一处观景吧台，让生活享有共赏美景的惬意。

3.**更衣室**：以木纹为更衣室渲染出自然美感，在二进式的动线中，同时纳入充裕的储藏量。

4.**主卧室**：马鞍皮拼接的大面积线条，搭以细节处的缝线，展现丰富的视觉层次。

藏于美感之间·
细腻功能规划

坐落位置 | 新北市·板桥
空间面积 | 149m²
格局规划 | 玄关、客厅、餐厅、厨房、主卧室、次卧×2
主要建材 | 大理石、木皮、皮革、镜面、壁纸

以石材、木质与前后串联的自然采光，阐述简约质感与明亮舒适的休闲氛围，为响应房主偏好的石材运用，空间的地面、立面、端景与局部隔断都以石材处理，方形几何堆叠沉淀风格中多样的装饰元素，于奢华中拿捏放松与优雅的平衡，细腻地将动线藏于墙面比例之中。

1

2

兼具开放视野与明确的段落划分，利用双向使用的视听功能划分客、餐厅，并以透明隔断处理书房、厨房与客餐厅间的延续，保留舒适的采光，阻绝不必要的噪音与气味；而客、餐厅共享的大跨距立面，同时作为玄关进门的大气端景，通过两种石材与木材的层次跳转与衔接，藏起动线分隔，串起流畅丰富的空间氛围。

空间中，时刻都能感受馥宇设计舒适大气的设计魅力与仿佛星级饭店Lobby般的迎宾气势。

1.开放格局：进门后，首先映入眼前的是深色石材凿面的空间端景，利用石材及木质墙面的跳转拉开空间比例，完美隐藏通往私人区域的动线。

2.客厅：以矮隔屏概念让电视墙横向落在餐厅与客厅间，设计成可旋转180°满足两个空间的视听功能，并将完整开阔的视野还予书房。

3.次卧室(一)：在古典柔和线条之中，皮革纹路壁纸与编织面柜子呈现时尚品位，通往卧眠区的动线，双开式的门板通往近13m²的大面积更衣卫浴空间。

4.主卧室：沉稳配色为卧眠空间主色调，设计师擅长隐藏式动线规划，将卧室入口与通往两间更衣室的动线藏于古典的对称手法之中。

5.次卧室(二)：在古典柔和线条之中，床头绷板的切割与色调异同，定位床铺位置与时尚利落的内敛品位。

从视觉、触觉出发·营造手语空间

坐落位置 | 新北市·板桥
空间面积 | 112m²
格局规划 | 客厅、餐厅、厨房、主卧室、次卧室×2、
　　　　　　卫浴×2、储藏室
主要建材 | 橡木山型深纹木皮染双色、壁布、石头漆、
　　　　　　喷漆、半反射镜、茶镜、灰纹石

　　设计，从五感中的视觉、触觉出发，考虑到房主本身为听力障碍者，所以空间从视觉导向与连贯，均衍生出家人之间的互动，这也成为本案的设计主轴。

　　空间硬件褪去了装饰语言，呈现居住者的生命经验，通过镜子反射的特性，很容易掌握到人在空间当中的所有活动。此案规划上，考虑到夫妻彼此在生活上需要依靠手语沟通，使用大量镜面材质以及连续的细微需求。而在区域动线的分搭配，特别将厨房移到主要动线，以开放方式规划，强调互动性以及降低空间可能发生的危险性。

　　由于声音对于房主本身来说，在空间不具意义，所以除了开放性的规划、镜面材质的反射引导之外，在餐厅的柜子上运用花纹壁布、芥末黄石头漆，表现空间细腻的内涵，同时带给视觉强烈的感受，忠实地呈现房主夫妻希望的都市生活，以及愉快而舒适的空间氛围。

　　设计主轴：空间从视觉导向与连贯，衍生出家人之间的互动。

1.**餐厨区**：位于主要动线的开放式厨房，强调互动性及降低空间可能发生的危险性。
2.**大量镜面**：空间硬件褪去了装饰语言，呈现居住者的生命经验，通过镜子反射的特性，很容易掌握到人在空间当中的所有活动。
3.**客厅一隅**：用鲜艳色彩描绘视觉的新世界。
4.**视觉引导**：声音对于房主来说不具意义，故而需要表现更细腻的空间内涵；餐柜上运用花纹壁布、芥末黄石头漆，作为空间区域的介质，也带给视觉强烈的感受。
5.**卧室**：视觉感知的力量代替听觉，经过黄色本身轻松愉快的氛围，呈现房主夫妻期待的都市生活。
6.**卫浴**：从五感中的视觉、触觉出发，寂静生活也能万般精彩。
7.**卫浴**：延续视觉导向，反射交叠形成多层次的光影盛宴。

绿概念·简约舒适梦想家

坐落位置 | 新北市·板桥区
空间面积 | 149m²
格局规划 | 3室2厅
主要建材 | 木皮、特殊玻璃

　　简约、自然、舒适的居住氛围，看似简单的设计要求，对室内设计师而言，却是美感、技法的一大考验。雅舍斯设计采用丹麦进口环保漆与无味水性木皮漆的绿建材，达到居住的舒适性，并从多年的美学体验出发，满足房主对简约舒适的设计期待。

　　双层夹砂玻璃与木作框架共构的玄关隔屏，稍微掩去进门直进的穿堂视野，除考虑风水问题外也明确界定玄关区域，而位于日光灿亮处的客厅，设计师采木皮烤银漆，内嵌可展示收纳CD与饰品的造型柜子，并在右方打造收纳柜，经过木作电视墙的变化丰富空间视野，从比例配置与光线引入，塑造空间的简约、明快。

　　为让空间更加简约完整，雅舍斯设计将主卧室梳妆台安排于卫浴前的畸零空间，并打造薄型悬空柜子增加收纳量，仅20cm的厚度加大了入门回旋空间，在柚木实木家具、柔和灯光与向日葵画作点缀中，感知设计美学。

客厅：从比例配置与光线引入，塑造空间的简约、明快。

1.**玄关**：双层夹砂玻璃与木作框架共构的玄关隔屏，稍微掩去进门直进的穿堂视野，除考虑风水问题外也明确界定玄关区域。

2.**电视墙**：于日光灿亮处的客厅，经过木作电视墙的变化丰富空间视野。

3.**简约舒适**：从绿建材选用，居住的舒适性，多年的美学体验背景，多方面达到房主对简约舒适的设计期待。

4.**造型柜子**：设计师采用木皮烤银漆，内嵌可展示收纳CD与饰品的造型柜子。

5.**畸零区规划**：雅舍斯设计将主卧室梳妆台安排于卫浴前的畸零空间，并打造薄型悬空柜子增加收纳量，仅20cm的厚度就加大了进门回旋空间。

明亮纯粹·小夫妻的幸福居

坐落位置 | 新北市·永和区
空间面积 | 132m²
格局规划 | 客厅、餐厅、书房、厨房、主卧室、更衣室、卫浴×2
主要建材 | 抛光石英砖、烤漆、明镜、喷漆

本案位于新北市永和，地近中正桥，正对面是中正河滨公园，20层的高度方正通风，拥有极佳的视野景观，最好是美景尽收眼底。

房主为一对养着猫咪的年轻夫妇，生活需求是将房子划分为1室1厅，整体规划以利落简洁和现代时尚风格。设计中，由明镜与弧形收边的收纳端景柜，揭开进内的迎宾意象；转入公共空间，客、餐厅以开放形态呈现，并以大面玻璃屏风做弹性上的区域划分，色调上，以纯粹的白色为基底，让空间没有过多复杂的元素，以展现简单之美。

客厅靠阳台的区域，砌出了一处卧榻区，可以调整升降桌供下午茶与赏景使用，细腻捕捉潜流生活底下的悸动。主卧室部分，规划有卧眠区、更衣间及卫浴区，并经过简练的线条与色彩，让空间立面干净归整，也让衣物、收藏品及电视可以巧妙地隐藏起来，营造简洁温馨的居家氛围。

公共空间：客、餐厅以开放形态呈现，并以大面玻璃屏风做弹性上的区域划分。

1

2

3

1.**卧榻区**：客厅靠阳台的区域，砌出了一处卧榻区，可以调整升降桌供下午茶与赏景使用，细腻捕捉潜流生活底下的悸动。

2.3.**厨房及中岛吧台**：色调上，以纯粹的白色为基底，让空间没有过多复杂的元素，展现简单之美。

4.**主卧更衣室**：喷砂玻璃门后作为主卧的更衣室，左右两侧井然有序地陈列房主的衣物。

5.**主卧室**：经过简练的线条与色彩，让空间立面干净归整，也让衣物、收藏品及电视可以巧妙地隐藏起来，营造简洁温馨的居家氛围。

云禾设计 · 设计师 张伍贤

圆弧勾勒 · 落实人心向往

坐落位置 | 新北市 · 三峡
空间面积 | 182m²
格局规划 | 客厅、餐厅、厨房、主卧室、儿童房、次卧室、交谊房
主要建材 | 抛光石英砖、实木木皮、烤漆、人造石、超耐磨地板

　　这是一个充满现代感的居住空间，动线与架构上采用流线式的圆弧曲线，去除了尖锐的元素，也活化了空间线条。从玄关入内，是一连串的视觉飨宴，地面以黑色及铂金的抛光石英砖铺设，端景墙则框上琉璃艺术画作，让空间显现精致美感。

　　架构上，以开放空间让视角延伸，营造利落与现代感；色调上，则利用干净的白与木质色调来呈现，让层次表现更加丰富。客厅的沙发主墙，划分为三段线性来表现，最上方的沟槽灯带、长形镜面与展示架，作为功能性与设计感的最佳点缀；电视墙则以短墙的形式让空间穿透，也将交谊室纳为视角的一部分。

　　餐厅用流线造型的立面，以木皮包覆延伸到天花板，切合处则作为长形餐桌的位置，并上下呼应，仿若一件艺术品。卧眠空间则是一贯的时尚简约，交叠平面与线性的美学，传达设计质感的韵味。

电视墙：客厅的电视墙则以短墙的形式让空间穿透，也将交谊室纳为视角的一部分。

1.**客厅主墙**：划分为三段线性来表现，最上方的沟槽灯带、长形镜面与展示架，作为功能性与设计感的最佳点缀。

2.**餐厅**：餐厅用流线造型的立面，以木皮包覆延伸到天花板，切合处则作为长型餐桌的位置，并上下呼应，仿若一件大的艺术品。

3.**玄关**：从玄关入内，是一连串的视觉飨宴，地面以黑色及铂金的抛光石英砖铺设，端景墙则框上琉璃艺术画作，让空间写入精致美感。

4.**圆弧曲线**：动线与架构上采用流线式的圆弧曲线，去除了尖锐的元素，也活化了空间线条。

5.**更衣室**：收纳空间开放且干净，满足房主所有的需求。

6.**主卧室**：卧眠空间则是一贯的时尚简约，交叠平面与线性的美学，传达设计质感的韵味。

7.**阳台**：充满休闲风格的阳台以错位排列的地板，增加空间的活泼调性。

以塑像化视效·演绎
线性时尚

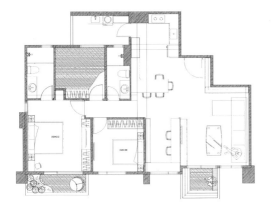

坐落位置 | 南港·华固卡地亚
空间面积 | 149m²
格局规划 | 玄关、客厅、餐厅、厨房、书房、主卧室、次卧室×2、卫浴×2
主要建材 | 实木皮板、墨镜、银狐大理石、超耐磨木地板、德国组合柜、LG人造石

  以内敛态度来演绎现代时尚，是惹雅设计赋予本案的定义，整个设计运用低调沉稳的色彩串联全场，并结合雕塑工艺及建筑概念，完美诠释了独一无二的住宅意象。

  由玄关开始延伸的实木，宛如空间的装饰腰带，并在横向延伸中隐藏抽屉柜的收纳功能。

  转入客厅，沙发背景墙以时尚镜面衔接粗犷纹理的矿石板，制造立面的冲突及视觉变化；电视墙也突破传统窠臼，以石材表现不对称的折纸斜角，让功能和美学张力并存，同时也接续地板强化玻璃的目的，明确划分内外界线。

  沿用相同元素的书房与餐厅，通过一阴一阳的错综表现，衍生出专属彼此的区域氛围；而别具巧妙构思的餐桌，暗藏拖板可以放大进餐空间，创造更灵活的生活弹性。主卧室延续低调时尚的气氛，深色主墙通过细致的镜面线条点缀，一展精品旅店的都市品位。

沙发背景墙：以时尚镜面衔接粗犷纹理的矿石板，制造立面的冲突及视觉变化。由玄关开始延伸的实木，宛如空间的装饰腰带，并在横向延伸中隐藏抽屉柜的收纳功能。

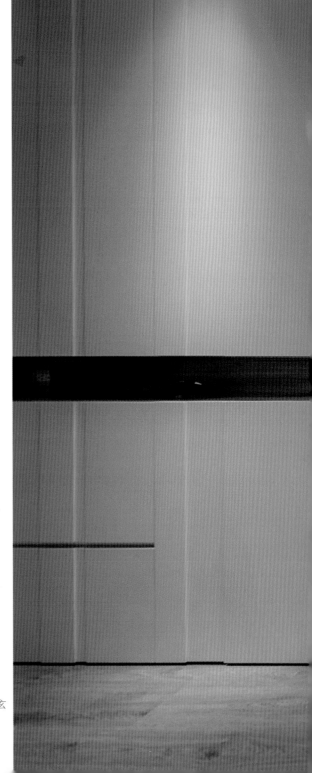

1.**天花板**：天花板从建筑概念出发，融入有宽有窄的线条；而规格相同的嵌灯错开排列，使简单的设计元素塑造出不凡的质感和氛围。

2.**书房与餐厅**：餐桌设有滑轮及拖板的设计，可以提供六到八人共同用餐，赋予生活更大的运用弹性。

3.**餐厅**：餐柜的用色和书房形成阴阳概念，衍生出专属彼此的区域氛围。

4.**电视墙**：以石材表现不对称的折纸斜角，收放自如地兼顾功能和视觉张力。

5.**主卧室**：延续低调时尚的气氛，深色主墙通过细致的镜面线条点缀，一展精品旅店的都市品位。

面面俱到·首购族
圆梦基地

坐落位置 | 林口
空间面积 | 125m²
格局规划 | 客厅、餐厅、厨房、吧台、主卧室、卧室、卫浴
主要建材 | 石材、玻璃、木作、黑镜、茶镜、瓷砖

室内设计不仅仅满足表层的装饰美感，更需要将生活习惯、实际需求纳入考虑，而本案首购族的居家空间便是如此。以现代简约为风格主轴，极境设计通过简单的线条，让空间具有延伸感，且清爽无负担的用色，更创造了适合小家庭的自在气氛。以白色为空间基调，适时地加入奢华元素，局部点缀黑镜、茶镜，不但增加轻微华丽度，也经过反射特性放大空间；同时灯饰与家具的挑选，以简约却具有质感的风格配件为主，让家成为品位的一种延伸。

格局动线首重流畅度与通透感，以茶色玻璃作为书房的隔断，让视线与空间感彼此分享，也令客厅及书房内都更显开阔。餐厅、吧台、厨房位于同一轴线，串联便利与理想的生活线，而舒适的开放区域更凝聚了家人情感，于一般用餐的功能之外，还能陪伴孩子聊天或讨论作业，成为家庭的交流中心。从初次沟通到最后完工，极境设计延伸居住者需求，融合美感与实用性的配置，在有限的预算限制下，达到超乎期待的质感。

客厅：家具挑选和风格呼应的简约质感，从中传达居住者的生活品位。

1.书房：使用茶色玻璃作为书房的隔断接口，兼具功能需求之余，也让视线往内延展，创造开阔宽敞的空间感。

2.走道：简约的空间色彩，局部点缀现代奢华元素，让家成为品位的一种延伸。

3.电视墙：注入对称美学，置于中心的大理石，展现出电视主墙应有的气势。

4.客厅 客厅与餐厅以开放式结合，让空间享有更大的弹性与空间感。

5.吧台：贴饰马赛克瓷砖的吧台，令人有置身咖啡馆的美好想象。

6.卧室：延续现代简洁的线条，主墙选择稳重色彩并饰以横向黑镜，营造别致的空间氛围。

淬炼·空间质感

坐落位置 | 斗六
空间面积 | 149m²
格局规划 | 客厅、餐厅、厨房、主卧室、
书房、儿童房、卫浴×3
主要建材 | 梧桐木皮、木作、烤漆、文化
石、烤玻、人造草皮、透心美
耐板、不锈钢金属件

　　设计者捕捉生活中的感动，将情感转化在空间内部，以纯粹而简练的设计手法，发挥格局本身的特性，回归到原始的简单本质，传递空间最真实的价值。公共空间考虑到长形格局，将客、餐厅以开放形态呈现，设计为同一面相，让视觉疆界达到最大。

　　色调上，以白、绿、木质原色，让空间没有过多复杂的元素，展现简单之美；沙发背景墙则铺设了文化石，呈现自然况味的样貌。此外设计另一个亮点，是电视面墙及天花板以梧桐木来呈现，并以线性手法延伸至餐厅区域，让空间有一个视觉重心，也使氛围更加温润。

　　拾阶而上来到主卧室，设计师营造简洁温馨的居家风尚，并依其生活功能所需，在透心美耐板的床头立面设计了梧桐木凹槽，方便屋主放置生活用品。转入儿童房，缤纷图案的壁贴及卷帘丰富了无限的想象，而架高的海岛地板也提供小宝贝更舒适的玩乐环境。

客厅：以纯粹而简练的设计手法，发挥格局本身的特性，回归到原始的简单本质，传递空间最真实的价值。

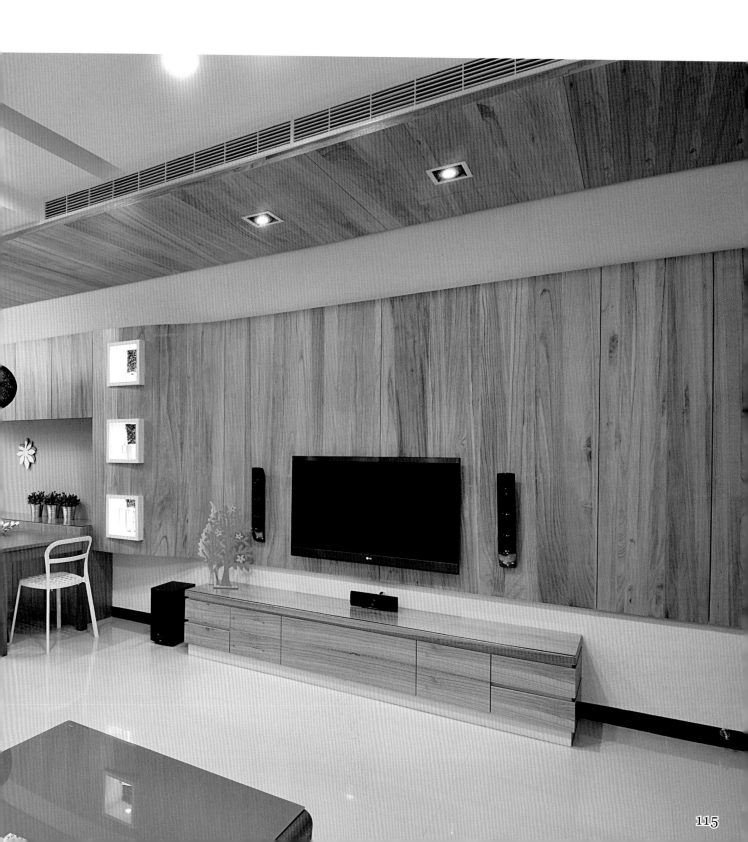

1

2

3

1.**公共空间**：色调上，以白、绿、木质原色，让空间没有过多复杂的元素，展现简单之美；沙发背景墙则铺设了文化石，呈现自然况味的样貌。

2.**餐厅**：设计的亮点，是电视面墙及天花板以梧桐木来呈现，并以线性手法延伸至餐厅区域，让空间有一个视觉重心，也使氛围更加温润。

3.**儿童房**：缤纷图案的壁贴及卷帘丰富了无限的想象，而架高的海岛地板也提供小宝贝更舒适的玩乐环境。

4.**书房**：设计师在布局、家具摆设和细节等处，都展现出迷人的细腻质感。

5.**主卧室**：设计师营造简洁温馨的居家风尚，依其生活功能所需，在透心美耐板的床头立面设计了梧桐木凹槽，方便房主放置生活用品。

4

5

在元素平衡里·开创全新风格

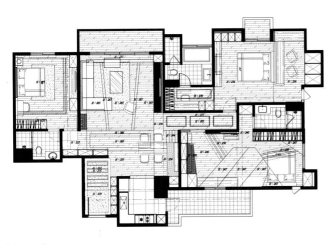

坐落位置 | 台中市
空间面积 | 198m²
格局规划 | 客厅、餐厅、厨房、主卧室、更衣室、男孩房、客房、卫浴×3
主要建材 | 线板、茶镜、扁铁、人造石、LED、皮革、铁艺、木皮、雪白银狐大
理石、实木、烤漆、梧桐风化木、文化石、组合柜

　　垂直象限的纹理前行至端景处，改以斜切线条洒落于白色立面墙上，两旁的收纳柜子，以风化木结合茶镜铺排出收纳量充足的轻盈感空间，除平衡石与木的比例外，还以相似的直纹彼此呼应，从玄关起始昭示的设计概念，即是以多元素材结合多变线条，在看似既定木作温馨的设计风格里，颠覆传统、开创全新现代风格定义。

　　原四房格局在考虑家庭生活动线后，改以大三房呈现，重整后的格局，不仅增加了私人生活区域，而且拉阔了公共空间的开放性，利用造型天花的高低差划分格局，并让游走其间的LED光轨丰富生活情趣。

天花线条：拉阔公共空间的开放性，利用造型天花的高低差划分格局，并让游走其间的LED光轨丰富生活情趣。

 120

1.**客厅**：文化石、风化木与黑白铁线条，构筑木作自然里的现代简约。
2.**设计概念**：从玄关起始昭示的设计概念，即是以多元素材结合多变线条，在看似既定木作温馨的设计风格里，颠覆传统、开创全新现代风格定义。
3.**设计平衡**：除平衡石与木的比例外，还以相似的直纹彼此呼应。
4.**餐厅**：以木皮包覆大梁，利用LED间接灯沟划分出清楚明确的功能运用。
5.**玄关**：垂直象限的纹理前行至端景处，改以斜切线条洒落于白色立面墙上。
6.**收纳柜子**：两旁的收纳柜子，以风化木结合茶镜铺排出收纳量充足的轻盈感空间。

通透明亮时尚宅

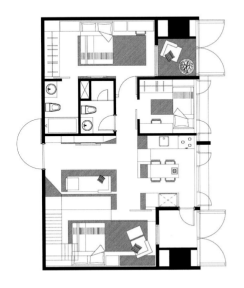

坐落位置 | 新北市·新店
空间面积 | 158m²
格局规划 | 客厅、餐厅、厨房、主卧室、
儿童房x2、客房、卫浴×2
主要建材 | 白色烤漆、黑烤漆玻璃、环保
板材、人造石、超耐磨地板、
纤泥板

　　设计者以简练的设计架构，引导出空间流畅及现代感，并以白、黑、灰色来勾勒出区域的轮廓。来到高度开放且通透的公共空间，客厅、厨房与餐厅及女孩房通体连接，景深与视野十分开阔。

　　在材质上，运用了许多玻璃与镜面，通过质地的反射辉映增添了视觉层次，也营造拓宽的比例。在光线氛围上，白天，厨房侧边大面开窗引援光源入室，让空间视角明亮通透；到了晚上，则使用间光灯带来铺陈层次感，LED的蓝光投射灯，更营造出仿佛Lounge bar的气氛。

　　在沙发背景墙部分，设计师将3.6m的空间划分为上下两层，并以穿透的玻璃及反射的镜面，增加空间的容积和放大空间表情。来到卧室，立面上铺设的纤泥板，兼具隔热与吸音性，同时也营造出沉稳大气的空间氛围。

客厅：设计者以简练的设计架构，引导出空间流畅及现代感，并以白、黑、灰色来勾勒出区域的轮廓。

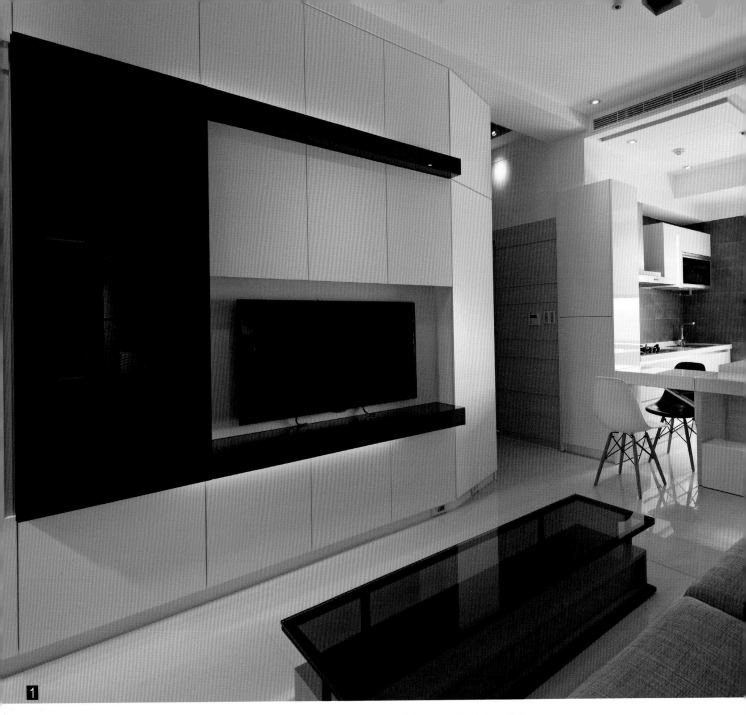

1

1.**客厅**：电视墙兼作收纳柜使用，满足功能的需求；而外圈施以黑烤玻璃，并打上蓝色投射灯以增加现代美感。

2.**公共空间**：公共空间开放且通透，设计师将客厅、厨房与餐厅及女孩房通体连接，让景深与视野开阔。

3.**Lounge气氛**：使用间光灯带来铺陈层次感，LED的蓝光投射灯，更营造出仿佛Lounge bar的气氛。

4.**空间分层**：在沙发背景墙部分，设计师将3.6m的空间划分为上下两层，并以穿透的玻璃及反射的镜面，增加空间的容积和放大空间表情。

1.辉映质地：在材质上，运用了许多玻璃与镜面，通过质地的反射辉映增添视觉层次，也营造拓宽的比例。

2.餐厅与厨房：中岛吧台以人造石打造，并能依其生活需求作活动式的折叠；侧边大面开窗引光源入室，让空间明亮通透。

3.儿童房：采用立面线条简洁方式的呈现，色调温婉沉稳，营造卧眠区域的温馨氛围。

4.卫浴：运用灰镜的材质，让整体空间简明亮又时尚高雅，也拉高区域的高度。

5.主卧室：简练而清爽的线条，也将床头边柜与化妆台合而为一，并带有现代感与北欧风的元素。

6.纤泥板的使用：卧室的立面铺设了纤泥板，兼具隔热与吸音功能，同时营造沉稳气度的空间氛围。

7.设计巧妙构思：拉高的收纳衣柜，增加了使用的容积量；床头上的横向柜面，则能摆放一些生活用品，是设计师细腻的巧妙构思。

水光入室·无压写意居家

坐落位置｜新北市·新店区
空间面积｜132m²
格局规划｜玄关、客厅、餐厅、厨房、书房、主卧室、儿童房、更衣室、卫浴×2
主要建材｜60×120意大利进口瓷砖、文化石、梧桐木皮、造型铁艺、雕花玻璃

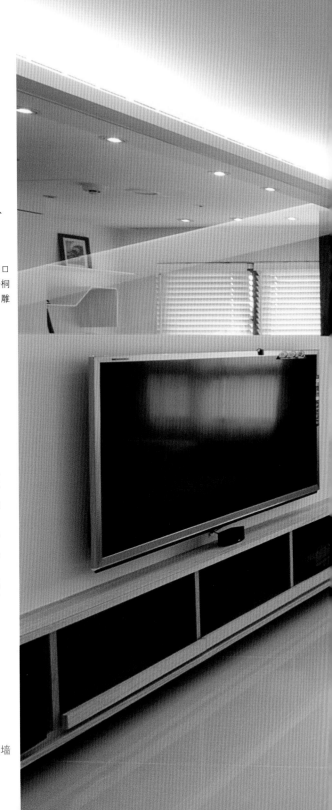

　　本案拥有美景与交通便捷的双重优势，面对窗外的绿水美景，业主希望能在有设计感的利落空间中，细品无压写意的居家生活。设计师除了以木与石等暖质建材营造温馨氛围，更利用向上微倾的斜线设计线条，增加利落律动，继而延伸拉阔，放大空间感。

　　为展现现代简约的设计主轴，设计师运用隐藏手法将收纳融入空间线条内，玄关左手旁（意大利进口瓷砖）内藏有置放大型用品的储藏室，容纳男主人大量影音设备的电视墙后方，则规划了与电视墙齐高的收纳柜，并利用对向书墙深度打造换季衣物收纳柜，而餐厅旁更结合玄关柜子建构备品柜，看似简约平实的设计空间，却内蕴设计师深厚的设计功力，"越是简单才越不简单"！

电视墙收纳：置放男主人大量影音设备的电视墙后方，规划与电视墙齐高的收纳柜。

1.**写意居家空间**：在有设计感的利落空间中，细品无压写意的居家生活。

2.**玄关**：玄关左手旁（意大利进口瓷砖）内藏有置放大型用品的储藏室。

3.**天花线条**：钢构大楼压低的粗大梁柱以洗墙与间接手法化解，增加了空间的延续性。

4.**主卧室**：增设的更衣室空间，以雕花玻璃门板引入穿透日光。

5.**铁艺异形造型层架**：与墙面同色系的造型书架，内敛变化空间丰富度。

6.**儿童房**：两个小孩的成长天堂采用蓝白双色规划，上下铺的活泼设计，是卧室也是游戏房。

引入日光·构筑
一处城市绿洲

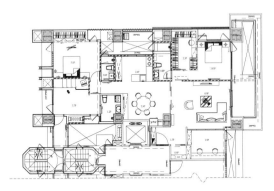

坐落位置 | 新北市·关渡
空间面积 | 139m²
格局规划 | 玄关、客厅、餐厅、厨房、书房、主卧室、次卧室、狗狗房
主要建材 | 钢刷木皮板、铁艺、厚皮地板、特殊玻璃、尺二砖、抿石子、玻璃砖

　　轻踩尺二砖和抿石子铺面的动线导引，循着扶手线条转折停驻于玻璃砖与艺术品共构的艺术感柜子处，无遮蔽的绿，顺着日光轨迹进入眼帘。

　　拥有绝佳绿林美景就该无私分享，推开木作百叶折叠门，微带草绿芳香的风贯穿全室，设计师仅以铁艺与清玻璃划分意象，让每一个区域都能享有日光，并在地面上以厚皮地板增加实用与耐磨度，而立面则施以立体纹路钢刷木皮，让空间在深浅设色与粗糙光滑间，增加设计层次。

　　立体刻痕的钢刷木皮立面从客厅窗边向内延伸，串联客厅电视墙和餐厅墙面，甚而转折作为廊道端景，而通往主卧室与客卫浴的门，也在调整出入动线后，隐藏规划于木作立面线条内，既增加卧室隐私又拉大完整格局。

度假居宅： 引连绵的绿光日景打造休闲放松的温暖居家。

1.**隐藏规划**：主卧室在调整出入动线后，隐藏规划于木作立面线条内，既增加卧室隐私又拉大格局。
2.**玄关动线**：轻踩尺二砖、抿石子铺面的动线导引，循着扶手线条转折停驻于玻璃砖与艺术品共构的艺术感柜子处。
3.**开放格局**：拥有绝佳绿林美景就该无私分享，推开木作百叶折叠门，微带草绿芳香的风贯穿全室。
4.**清玻隔断**：设计师仅以铁艺与清玻璃划分意象，让每一个区域都能享有日光。
5.**小狗房**：亮丽大胆的用色，爱犬也有自己的独立空间。
6.**书房**：简单的层架规划，让摆放的艺术品铺叙空间表情。

鑫霆设计·设计师 黄元泽

清朗明亮现代宅

坐落位置 | 台北市·八德路
空间面积 | 198m²
格局规划 | 玄关、客厅、餐厅、厨房、和室、主
卧室、儿童房×2、卫浴×2
主要建材 | 大理石、壁纸、玻璃、墨镜、木皮、
特殊烤漆

　　大门开启处，纵长玄关导引进入主区域的动线，左手处规划储物鞋柜，右方打造开放式收纳，并经过墨镜放大刻意不对称的规划。

　　进入室内的延伸线条水平衔接客厅电视墙，为化解横亘中央的结构柱体，鑫霆设计呼应玄关高柜元素，结合收纳柜将柱体包覆其中，达到立面上的一致性平衡。在以明亮清爽为设计基调的开放格局内，大面落地窗外的日光自由来去客餐厅间，也穿透厨房与客厅间特意保留的喷砂玻璃墙面，即便关上多功能和室的折门，汇聚川流的光源依旧完整明亮。

　　在三间卧室的设计规划中，除了利用主卧室床头增加造型收纳外，上方的透光气窗也利用罗马帘调节室内的亮度与氛围。而两间男孩房则依照使用者的性格来设计，小男孩房以墨镜呈现时尚利落，大男孩房则经过特殊烤漆玻璃的线条延伸，打造放大延伸的景观卧室。

　　墙面延伸：入内的延伸线条水平衔接客厅电视墙。

旧房大改造・重现简约舒适

　　卸下华丽的外衣后，室内设计的目的，最基本的是实用与舒适。本案为30年屋龄的公寓住宅，漏水及壁癌问题非常严重，不堪使用的屋况急需改善；王友志设计师以人和居住本质为核心，重新施作基础工程，谨慎地为居家打好牢固根基，从房屋的内在开始修缮整理，通过全面更新水电管线并加强防水性，提升居住质量。而室内的功能皆以组合柜为主，并通过藤色与灰色赋予中性休闲氛围，再搭配简约质感的家具，让空间褪去表象的奢华，重新创造安心舒适的崭新生活。

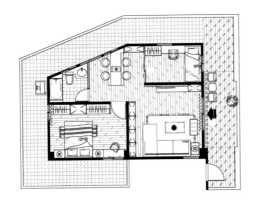

坐落位置 | 新店
空间面积 | 56m²
格局规划 | 客厅、主卧室、次卧室、餐厅、卫浴、阳台
主要建材 | 组合柜、人造石、厨具、铁艺、超耐磨地板

1.**电视墙**：简单利落的电视墙使用藤色烤漆，营造温暖、舒适的居家气氛。
2.**客厅**：搭配灰色家具，衬托出清爽简洁的空间特质。
3.**收纳柜**：以组合柜打造实用的收纳功能，底部隐藏照明设备，让大型柜子不会显得于笨重。
4.**吧台**：为满足现代人较为简便的用餐习惯，以结合电陶炉的吧台取代餐桌功能。
5.**吧台功能**：将小型电冰箱隐藏于吧台下方，虽然空间浓缩但仍兼顾所有实用功能。
6.**卧室**：创意打造倾斜的天花板设计，用以化解压梁问题。

重构格局·通透光感空间

坐落位置 | 新北市·中和
空间面积 | 116m²
格局规划 | 玄关、客厅、餐厅、厨房、主卧室、次
卧室、更衣室、卫浴×2、阳台
主要建材 | 绷布、木作、定制不锈钢、大理石

现代人对于室内设计的范畴，不仅讲究大空间
的舒适，其实卫浴也逐渐受到重视。原本空间狭小
且功能不足的卫浴，设计师重新以通透、串联的形
式，让空间散发穿透明亮的现代质感，并在内部规
划双洗手台与木百叶，让卫浴有理想的功能弹性。

1.**卧室**：以古典风格的家具，提升细节的精致度。
2.**穿透设计**：重新规划格局，以通透的玻璃串联，放大
房内空间感。
3.**卫浴**：规划的双洗手台，让男女主人更容易使用。

居于画室·徜徉艺林

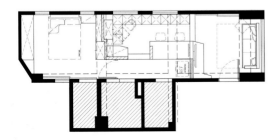

坐落位置 | 台北市东湖
空间面积 | 50m²
格局规划 | 客厅、餐厅、厨房、主卧室、次卧室、书房
主要建材 | 南美松木、铁艺烤漆、超耐磨地板、组合柜、灰
　　　　　　玻、无铜镜、风琴帘、定制家具

　　设计是一个多元且开放的系统，通过设计师的巧笔挥洒，融合房主个人的喜好与生活表情，在新思维与创意的激荡下，使空间有了更丰富的层次。本案位于新北市永和，格局上属狭窄型，经合理规划，建构出一个动线流畅、穿透明亮的品位居宅。

　　由于房主为业余画家，希望家居的建构不只是单一的风格配置，而是可以融入平常的兴趣及习惯；所以设计师于客厅的立面墙以展示架形式表现，可移动的收纳架能放置绘制的画作，并能弹性调整架子的高度，让大小尺寸的画作都能完美地放置与呈现。

　　位于空间中段的休憩区，接连了客厅与厨房，并使用架高增加区域的层次，也能作为收纳功能使用。餐厅则以中岛吧台延续空间的开放性，一盏艺术感的吊灯更让空间的质感加倍，塑造优雅的区域表情。来到卧室，利用转折的深度设计了衣柜与展示层板，充分塑造美感功能兼具的空间主题。

　　动线流畅：本案格局上属狭窄型，经合理规划，建构了一个动线流畅、穿透明亮的品位居宅。

1.餐厅：餐厅以中岛吧台延续空间的开放性，一盏艺术感的吊灯更让让空间的质感加倍，塑造优雅的区域表情。

2.展示架：客厅的立面墙以展示架形式表现，可移动的收纳架能放置绘制的画作，并能弹性调整架子的高度，让大小尺寸的画作都能完美地放置与呈现。

3.休憩区：位于空间中段的休憩区，接连了客厅与厨房，并使用架高增加区域的层次，也能作为收纳功能使用。

4.品位居家：房主为业余画家，希望家居的建构不只是单一的风格配置，而是可以融入平常的兴趣及习惯。

5.卧室：通过设计师的巧笔挥洒，融合房主个人的喜好与生活表情，在新思维与创意的激荡下，使空间有了更丰富的层次。

6.7.收纳功能：利用转折的深度设计了衣柜与展示层板，充分塑造美感功能兼具的空间主题。

1

四方丰巢室内设计·设计师 江俊男

直觉·设计与空间的叙事诗

坐落位置 | 新北市·泰山区
空间面积 | 83m²
格局规划 | 玄关、客厅、餐厅、厨房、主卧室、儿童房、书房、卫浴×2
主要建材 | 皮革纹壁纸、瓷砖、烤玻

1.**空间叙事诗**：于时尚人文氛围里落实房主的期待，这是本案设计师关于"感觉"的空间叙事诗。
2.**黑色皮革纹壁纸上日光游走**，与静置前方的白色家具共聚客厅静谧沉稳的氛围。
3.**人文质韵**：白与黑的时尚元素里，浅色系木纹地板柔和利落表情，与净白日光晕出人文质韵。
4.**皮革壁纸**：时尚利落的皮革在人文简约中混搭冲突趣味。

设计是一种对人、对事、对物的直觉反应。

感觉对了，一切都会变的美好。

对人、对事、对物的直观反应，多少也牵制于感知上的偏执，一旦跨不过"感觉"的门槛，一切加诸于表象，也就显得矫情与多余。

黑色皮革纹壁纸上日光游走，与静置前方的白色家具共聚客厅静谧沉稳的氛围，凝目向内的视野贯穿设计师手工定制的造型柜子，落至后方裱皮革的柜门线条上，白与黑的时尚元素里，浅色系木纹地板柔和利落表情，与净白日光晕出人文质韵。拉阔线条后的公共空间，柜子隐藏在错落的立面线条内，通往客卫浴与主卧室的出入动线，敞透无压的空间，书房里跳接翠绿色的柜子与座椅，清透里透出色彩活力。

1.**造型柜子**：凝目向内的视野贯穿设计师手工定制的造型柜子，落至后方裱皮革的柜门线条上。
2.**立面线条**：拉阔线条后的公共空间，功能柜子隐藏在错落的立面线条内，也纳入通往客卫浴与主卧室的出入动线。
3.**书房**：敞透无压的空间内，书房里跳接翠绿色的柜子与座椅，清透里见色彩活力。

1

2

1

重新编制格局后的主卧室有了完善更衣室功能，设计师另以镜面放大主卫浴空间，亦特别找寻小尺寸面盆，利用比列的协调性达到完整的氛围呈现。不似公共空间分明的色彩层次，卧室内以柔和轻浅的主色调搭配高彩度的软件配饰，以更多的留白让空间的主人自序生活故事。

1.**主卧室**：卧室内以柔和轻浅的主色调搭配高彩度的软件配饰，更多的留白，让空间的主人自序生活故事。

2.**主卫浴**：设计师以镜面放大主卫浴空间，亦特别找寻小尺寸面盆，利用比列的协调性达到完整的氛围呈现。

3.**调整光源**：遮光布幕的卷动间，空间氛围随之改变。

4.**砖面选搭**：净滑如镜的金属砖上滚过马赛克砖腰带，卫浴空间有了丰富的层次表情。

5.**空间**：隅一随处即美的设计，每个角落都自成一幅美丽风景。

6.**儿童房**：鲜黄色床头与彩色壁纸的选搭，呈现儿童房的青春活力样貌。

7.**门板**：可透光的薄膜玻璃门板，可引入自然光源，达到卫浴与公共空间的连接。

8.**卫浴**：灰朴时尚的氛围中置放纯白卫浴设备，不仅具有实用功能，更表现装置艺术表情。